全民应急避险科普丛书

QUANMIN YINGJI BIXIAN KEPU CONGSHU

U0332382

火灾 预防

及应急避险指南

- HUOZAI YUFANG

JI YINGJI BIXIAN ZHINAN •

中国安全生产科学研究院　编

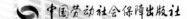

中国劳动社会保障出版社

图书在版编目（CIP）数据

火灾预防及应急避险指南/中国安全生产科学研究院编. -- 北京：中国劳动社会保障出版社，2020
（全民应急避险科普丛书）
ISBN 978-7-5167-4151-1

Ⅰ.①火… Ⅱ.①中… Ⅲ.①火灾 - 预防 - 指南②火灾 - 自救互救 - 指南 Ⅳ.①TU998.12-62 ② X928.7-62

中国版本图书馆 CIP 数据核字（2020）第 150705 号

中国劳动社会保障出版社出版发行
（北京市惠新东街 1 号 邮政编码：100029）

*

北京市白帆印务有限公司印刷装订 新华书店经销
787 毫米 × 1092 毫米 32 开本 2.75 印张 50 千字
2020 年 9 月第 1 版 2021 年 11 月第 4 次印刷
定价：**15.00** 元

读者服务部电话：（010）64929211/84209101/64921644
营销中心电话：（010）64962347
出版社网址：http://www.class.com.cn

编 委 会

主　任

张兴凯　　　吕敬民

副主任

高进东　　　付学华　　　马世海

主　编

张晓蕾　　　左　哲

编写人员

左　哲　　　张晓蕾　　　杨　阳　　　曲　芳

姚志强　　　马恩强　　　朱渊岳　　　徐　帅

杨文涛　　　刘志强　　　孙　猛　　　赵开功

张　洁　　　毕　艳

前　言

　　我国幅员辽阔，由于受复杂的自然地理环境和气候条件的影响，一直是世界上自然灾害非常严重的国家之一，灾害种类多、分布地域广、发生频次高、造成损失重。同时，我国各类事故隐患和安全风险交织叠加。在我国经济社会快速发展的同时，事故灾难等突发事件给人们的生命财产带来巨大损失。

　　党的十八大以来，以习近平同志为核心的党中央高度重视应急管理工作，习近平总书记对应急管理工作先后作出一系列重要指示，为做好新时代公共安全与应急管理工作提供了行动指南。2018 年 3 月，第十三届全国人民代表大会第一次会议批准的国务院机构改革方案提出组建中华人民共和国应急管理部；2019 年 11 月，习近平总书记在中央政治局第十九次集体学习时强调，要着力做好重特大突发事件应对准备工作。既要有防范风险的先手，也要有应对和化解风险挑战的高招；既要打好防范和抵御风险的有准备之战，也要打好化险为夷、转危为机的战略主动战。因此，做好安全应急避险科普工作，既是一项迫切的任务，又是一项长期的任务。

面向全民普及安全应急避险和自护自救等知识，强化安全意识，提升安全素质，切实提高公众应对突发事件的应急避险能力，是全社会的责任。为此，中国安全生产科学研究院组织相关专家策划编写了《全民应急避险科普丛书》(共 12 分册)，这套丛书坚持实际、实用、实效的原则，内容通俗易懂、形式生动活泼，具有针对性和实用性，力求成为全民安全应急避险的"科学指南"。

我们坚信，通过全社会的共同努力和通力配合，向全民宣传普及安全应急避险知识和应对突发事件的科学有效的方法，全民的应急意识和避险能力必将逐步提高，人民的生命财产安全必将得到有效保护，人民群众的获得感、幸福感、安全感必将不断增强。

编者

2020 年 8 月

目 录 / Mulu

四、典型案例

一、我国火灾基本情况

Woguo Huozai Jiben Qingkuang

我国火灾基本情况

1. 火灾现状分析
2. 火灾发生的常见原因
3. 火灾发生规律

1. 火灾现状分析

（1）火灾危害形势依然严峻

进入 21 世纪以来，随着我国经济社会的快速发展，热力和电力用量大大增加，大量易燃、可燃的新材料被广泛使用，造成了火灾风险的急剧增加，不仅容易失火，灭火难度大，且容易造成重特大火灾或爆炸事故。总的来看，东部经济发达省份火灾总量较大，夜间火灾伤亡率大，窒息、烧灼导致伤亡数量最多，冬春季节较夏秋季节火灾发生率高。

2000—2019 年，20 年间，全国火灾总体形势趋于下降，火灾伤亡人数也有所下降，但在 2013 年之后有所反弹，且死亡人数均超过受伤人数。因此，普及火灾的预防和应急避险知识势在必行。

（2000-2019年火灾伤亡人数）

（2）火灾起数和造成的直接财产损失波动中呈上升趋势

进入 21 世纪的 20 年里，我国共发生 460 余万起火灾，平均每年发生火灾达 23.3 万起，而 20 世纪 80 年代至 90 年代 20 年间，共发生 113 余万起火灾，平均每年仅发生火灾 5.6 万起，相比上升近 5 倍。我国 2000—2019 年平均每年火灾直接财产损失约 23.68 亿元，相比 20 世纪 80 年代至 90 年代 20 年间的年均火灾直接财产损失 6.94 亿元，增加了 16.74 亿元。

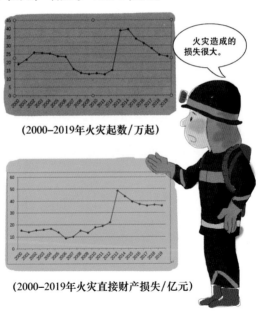

（2000–2019年火灾起数/万起）

（2000–2019年火灾直接财产损失/亿元）

（3）群死群伤的火灾仍时有发生

近 10 年来，我国共发生 35 起群死群伤的火灾，造成 677 人死亡。据统计，这一类火灾主要集中在以下 9 类场所：商业场所、"多合一"场所、劳动密集型企业、公共娱乐场所、群租房、宾馆酒店、高层建筑、养老院及建筑施工工地。

2013 年，吉林省德惠市宝源丰禽业公司厂房起火爆炸事故和福建省厦门市公交车放火案件，共造成 168 人死亡、112 人受伤，直接财产损失 1.8 亿元。2015 年，云南省昆明市"3·4"东盟联丰农产品商贸中心工业酒精爆燃事故、天津港"8·12"特别重大火灾爆炸事故、山东省东营市"8·31"化工厂爆炸和安徽省芜湖市"10·10"小吃店燃气爆炸等多起有较大影响的火灾、爆炸事故，更是导致了重大人员伤亡和财产损失。因此，如何有效预防住宅和大型工业企业等人员密集场所火灾造成的群死群伤，需要全社会共同努力，群防群治。

2. 火灾发生的常见原因

　　火灾发生既有自然因素又有许多人为因素，但主要是人为因素。根据近年来全国火灾统计来看，起火的常见原因有：电气、生活用火不慎、吸烟、自燃、违章生产作业、玩火、放火、雷击等。其中，电气引发的火灾数量居高不下，尤其是各类家用电器、电动自行车、电气线路等引发的火灾越来越突出。

3. 火灾发生规律

虽然火灾的发生具有不确定性，但是人们在长期同火灾做斗争的实践中，还是总结出一些火灾发生的规律。

（1）冬季火灾起数最多

冬季（当年12月至次年2月）火灾起数最多，其中2月火灾最多。主要原因是冬季气温低，生产、生活取暖用火、用电增多，夜间照明时间加长，这是火灾多发的原因之一，还有春节期间燃放烟花爆竹也是火灾多发的原因。每年春节期间火灾发生的起数都要占到冬季总起数的1/4以上。

（2）春季森林火灾多发

春季风大，风力为四季之首，气温回升快，形成风干物燥的气候，加之人们在这个季节有春游踏青、清明祭祖的习俗，导致野外火源增多，所以春季是森林火灾较为多发的季节。

（3）夏季自燃起火事故多发

夏季气温高、日照时间长，用火量和用火时间相对减少。然而需要注意的是，夏季自燃起火事故多发，易燃物品燃烧及危险物品爆炸的可能性增加。

（4）农村乡镇火灾死亡人数相对较多

从城乡火灾发生的场所分布情况看，住宅和人员密集场所如商场、宾馆、饭店、娱乐场所、学校、医院、养老院等发生火灾的比例较大，火灾伤亡人数相对集中。从死亡人数看，农村乡镇死亡人数相对较多。

（5）夜间火灾死亡率较高

一天24小时内火灾发生的一般规律是：白天火灾发生的次数多于夜间，但从死亡人数和损失来看，夜间明显

09

高于白天。这是因为白天人们都处于活动状态，即使发生火灾也能及时发现并扑救。但是，夜间人们大多处于睡眠状态，一旦失火，不易发现或者发现后难以及时扑救，往往酿成重大火灾，造成很大损失。

二、防火与逃生基本常识

Fanghuo Yu Taosheng Jiben Changshi

防火与逃生基本常识

1. 火灾造成人员伤亡的主要因素

高温

有毒烟雾

爆炸

缺氧

建筑物坍塌

（1）有毒烟雾

失火建筑物燃烧时，会产生一氧化碳、二氧化碳、氰化氢、二氧化硫等有毒烟雾，导致人员中毒或窒息死亡，这是火灾造成人员伤亡的主要因素。

（2）高温

火灾发生时，周围温度迅速升高，吸入高温热气，很容易导致窒息死亡。

（3）爆炸

化工企业易燃易爆危险品多，生产工艺复杂，高温高压介质普遍存在，引起的爆炸威力大、破坏力强，故造成人员伤亡多。

（4）缺氧

燃烧会消耗大量氧气，可造成人体缺氧、昏迷和窒息。

（5）建筑物坍塌

建筑物的主梁、柱受到火焰的高温作用失去支撑能力，导致整体坍塌，从而造成人员伤亡。

2. 火灾报警方法

如遇火情，要及时拨打"119"火警电话；发现火灾隐患，及时拨打"96119"举报投诉。

火灾报警时应注意：

🏛 接通电话后要沉着冷静，向接警中心讲清：起火建筑或小区的名称、地址，燃烧物体及范围，火势大小，火场人员被困及伤亡等情况。

🏛 要注意听清对方提出的问题，以便正确回答。

🏛 把自己的电话号码和姓名告诉对方，以便联系。

🏛 报警后，迅速组织人员疏通消防车道，清除障碍物，使消防车到火场后能立即进入最佳位置灭火救援。

🏛 在没有电话或没有消防队的地方，如农村和边远地区，可采用敲锣、吹哨、喊话等方式向四周报警，动员乡邻来灭火。

专家提醒

现在很多公共建筑的大厅、安全疏散通道上都安装了手动火灾自动报警按钮。在这些场所发现火灾，可以用东西击碎手动火灾自动报警按钮的玻璃或者直接按下报警按钮，启动火灾自动报警系统的警报装置。

3.火灾应急避险误区

用手捂是不行的，得用这个湿毛巾！

在火灾逃生过程中，由于紧张或缺乏逃生知识经常出现一些错误行为，要注意避免。

（1）切勿"手一捂，冲出门"

火场逃生时，用手捂不能过滤掉有毒有害烟气。火灾状况下应采取正确的防烟措施，如用湿毛巾等物捂住口鼻。

（2）切勿"抢时间，乘电梯"

火灾发生时所采取的紧急措施之一是切断电源，即使电源正常，电梯的供电系统也极易出现故障而使电梯停运，致使乘梯人员不能逃生、无法自救，造成伤亡。

（3）切勿"寻亲友，共同逃"

倘若亲友在眼前，可携同逃生；倘若亲友不在近处，不必到处寻找而浪费逃生时间，否则会导致谁也逃不出火场。明智的选择是尽快逃生，待到安全区域时再行寻找，或请求救援人员帮助营救。

（4）切勿"不变通，盲跟从"

当进入陌生环境时，首先要了解与熟悉周围环境、安全通道及安全出口，做到防患于未然。切勿在发生火灾时，盲目跟从人流逃生。

（5）切勿"向光亮，盼希望"

火场会因失火而切断电源或因短路造成电气线路故障失去照明，或许光亮之处恰是火场燃烧之处。因此，只有按照疏散指示标志引导的方向，逃向安全门、疏散楼梯间及疏散通道，才是正确可取的办法。

（6）切勿"急跳楼，行捷径"

火场中，当发现选择的逃生路径错误或已被大火烟雾围堵，人们往往容易失去理智，选择跳楼造成伤亡。这时应当冷静思考，另谋生路或采取防护措施，等待救援。只要有一线生机，切忌盲目跳楼求生。

4. 灭火的常用方法

燃烧必须同时具备3个条件：可燃物质、助燃物质和火源。灭火就是为了破坏已经产生的燃烧条件，只要破坏其中一个条件，火即可熄灭。人们在灭火实践中总结出了以下4种灭火方法。

（1）冷却灭火法

将灭火剂直接喷洒在可燃物上，使可燃物的温度降到着火点以下，从而使燃烧停止。

用水扑救火灾，其主要作用是冷却灭火。水可以吸收大量的热量，使燃烧物的温度迅速降低，使火焰熄灭。一般固体物质起火，都可以用水来冷却灭火，如木质家具、衣服、被褥等。

（2）隔离灭火法

可燃物是燃烧条件中最重要的条件之一。将可燃物与火源或空气隔离开，就可以中止燃烧、扑灭火灾。如用喷洒灭火剂的方法，把可燃物同空气和高热隔离开来；用泡沫灭火剂产生的泡沫覆盖于燃烧物质的表面，把可燃物与火焰或空气隔开等，都属于隔离灭火法。

采取隔离灭火法的具体措施很多，例如，将火源附近的易燃易爆危险品转移到安全地点；关闭设备或管道上的阀门，阻止可燃气体、液体流入燃烧区；拆除与火源相毗连的易燃建筑，形成阻止火势蔓延的空间地带等。

（3）窒息灭火法

可燃物质在没有空气或空气中的含氧量低于 14% 的条件下是不能燃烧的。所谓窒息灭火法，就是隔断燃烧物的空气供给。

采取适当的措施，阻止空气进入燃烧区，或用惰性气体（如二氧化碳、氮气等）稀释空气中的含氧量，使燃烧物质缺乏或断绝氧气而熄灭。这个方法适用于扑救封闭式的空间、生产设备装置及容器内的火灾。运用窒息灭火法扑救火灾时，可采用石棉被、湿麻袋、湿棉被、沙土、泡沫等不燃或难燃材料覆盖火焰或封闭孔洞；用水蒸气、惰性气体充入燃烧区域；利用建筑物上原有的门以及生产储运设备上的部件来封闭燃烧区，阻止空气进入。例如，日常生活中若油锅起火，可盖上锅盖进行灭火。

（4）抑制灭火法

将化学灭火剂喷入燃烧区参与燃烧反应，使燃烧反应停止或不能持续下去。常见的化学灭火剂有干粉灭火剂和七氟丙烷灭火剂。灭火时，将足够数量的灭火剂准确地喷射到燃烧区内，使灭火剂阻断燃烧反应，同时还应采取冷却降温措施，以防复燃。该方法对于有焰燃烧火灾效果好，而对于深位火灾，由于渗透性较差，灭火效果不理想。

5. 常见灭火及逃生设施

火灾的初起阶段，可以利用专用的消防器材和简易的灭火工具进行扑救或逃生。常见的灭火及逃生器材有灭火器、灭火毯、室内消火栓、过滤式自救呼吸器、逃生缓降器、强光手电等。

（1）灭火器

使用灭火器灭火的时机是火灾的初起阶段，要正确、及时地采用灭火器进行扑救，将火灾消灭在萌芽状态。常用的灭火器有干粉灭火器、二氧化碳灭火器、水基型灭火器。

🝖 干粉灭火器

干粉灭火器适宜扑救可燃液体和气体、电气设备等初起火灾，例如油锅、煤油炉、油灯和蜡烛等引起的初起火灾，也广泛用于油田、油库、炼油厂、化工厂、船舶等企业灭火。ABC类干粉灭火器除可用于上述火灾外，还可扑救固体可燃物引起的火灾。

使用干粉灭火器时，首先应颠倒摇动几次，使干粉松动。然后拔去保险销（卡），一只手握住胶管喷头，另一只手按下压把（或拉起提环），即可使干粉喷出。灭火器在喷粉灭火过程中应始终保持直立状态，不能横卧或颠倒使用，否则不能喷粉。

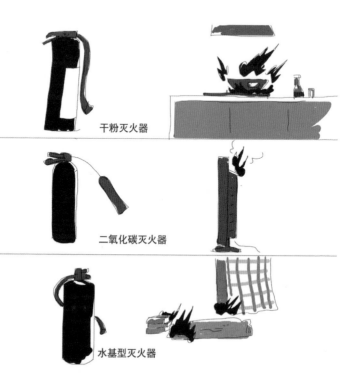

干粉灭火器

二氧化碳灭火器

水基型灭火器

22

专家提醒

建议家庭配备手提式 ABC 类干粉灭火器，放置在便于取用的地方，用于扑救家庭初起火灾。注意防止灭火器被水浸渍和受潮生锈。

☕ 二氧化碳灭火器

二氧化碳灭火器适宜扑救精密仪器、贵重设备、图书、档案资料以及 600 伏以下的电气设备及油类的初起火灾，但不能扑救钾、钠、镁等轻金属火灾。

二氧化碳灭火器有两种，即手轮式和鸭嘴式。使用手轮式灭火器时，一手握住喷筒把手，另一手撕掉铅封，将手轮按逆时针方向旋转，打开开关，二氧化碳气体即可喷出。使用鸭嘴式灭火器时，一手握住喷筒把手，另一手拔去保险销，将扶把上的鸭嘴压下，即可灭火。

使用二氧化碳灭火器灭火时应注意：

√人员应站在上风处。

√持喷筒的手应握在胶质喷管处，防止冻伤。

√在室内使用后，应加强通风，防止人员窒息。

√不能把二氧化碳灭火剂喷向人体，以免造成冻伤。

☕ 水基型灭火器

水基型灭火器因其灭火后药剂可 100% 生物降解，不会造成污染，而且具有抗复燃性强、灭火速度快、渗透性极强等特点而被广泛推广使用。

常用的水基型灭火器有水基型泡沫灭火器、水基型水雾灭火器和清水灭火器 3 种。水基型泡沫灭火器适用于扑救可燃固体或液体的初起火灾，是木竹类、织物、纸张及油类物质的开发加工、储运等场所的消防必备品，广泛应用于油田、油库、轮船、工厂、商店等场所；水基型水雾灭火器主要配置在具有可燃固体物质的场所，如商场、饭店、写字楼、学校、旅游场所、纺织厂、纸制品厂、煤矿甚至家庭等；清水灭火器主要用于扑救固体物质火灾，如木材、棉麻、纺织品等的初起火灾，不适用于扑救油类、电气、轻金属以及可燃气体火灾。

　　水基型灭火器有红、黄、绿三色。灭火器的瓶身顶端与底端还有纳米高分子材料，可在夜间发光，以便在照明环境不良的情况下起火时，人们能在第一时间找到灭火器。

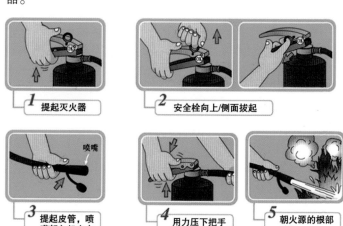

手提式灭火器的使用方法

（2）灭火毯

灭火毯是一种经过特殊处理的玻璃纤维斜纹织物，由于毯子本身具有防火、隔热的特性，在火灾初起阶段，可用于扑灭油锅起火或者披覆在身上逃生。在无破损的情况下可重复使用。

使用灭火毯应注意：

🛢 将灭火毯放置于比较显眼且能快速拿取的地方。

🛢 当发生火灾时，快速取出灭火毯，双手握住两根黑色拉带，将灭火毯轻轻抖开，以盾牌状拿在手中。

🛢 将灭火毯持续覆盖在着火物体上，并采取灭火措施直至着火物体完全熄灭。

🛢 待火熄灭，要等灭火毯冷却后，将毯子裹成一团，在有破损的情况下作为不可燃垃圾处理。

🛢 如果人身上着火，将毯子抖开，完全包裹于着火人身上扑灭火源，并迅速拨打"120"急救电话。

（3）室内消火栓

室内消火栓在火灾扑救过程中发挥着非常重要的作用，是扑救建筑火灾的重要消防设施。

消火栓的正确使用流程：

🛢 打开消火栓门，按动火灾报警按钮，由其向消防控制中心发出报警信号。

🚒 拉出水带、拿出水枪，将水带延伸，将水带一端与消火栓接口连接，另一端与水枪连接。

🚒 开启消火栓止水阀。

🚒 双手紧握水带及水枪头，对准着火点射水，实施灭火。

（4）过滤式自救呼吸器

火场的烟雾有毒，许多丧生者都是被烟熏窒息而死的。过滤式自救呼吸器是防止火场有毒气体侵入呼吸道的消防用品，由防护头罩、过滤装置和呼吸面罩组成，可用于火场浓烟环境下的逃生自救。呼吸面罩为一次性产品，开封后不能再次使用，一般防护时间为 30 分钟。

过滤式自救呼吸器可防止有毒气体侵入呼吸道。

（5）救生缓降器

救生缓降器主要用于高楼逃生，在无法从楼梯逃生时，可利用救生缓降器从窗户等处逃生。救生缓降器主要由绳索、安全带、安全钩、绳索卷盘等组成，可反复使用。

（6）带声光报警功能的强光手电

带声光报警功能的强光手电具有火灾应急照明和紧急呼救功能，可用于火场浓烟以及黑暗环境下人员疏散照明和发出声光呼救信号。如果不经常使用，每存放三个月最好充电一次，充电 10 小时以上，以保证发挥最佳性能。建议将强光手电放置于固定的且便于拿取之处。

6.常见消防安全标志

按照功能划分，消防安全标志可分为6大类，即：火灾报警装置标志、紧急疏散逃生标志、灭火设备标志、禁止和警告标志、方向辅助标志、文字辅助标志。

（1）火灾报警装置标志

发声警报器	消防按钮	消防电话	火警电话
FIRE ALARM	FIRE CALL POINT	FIRE TELEPHONE	FIRE ALARM TELEPHONE

（2）紧急疏散逃生标志

安全出口	滑动开门	逃生梯	击碎板面
EXIT	SLIDE	ESCAPE LADDER	BREAK TO OBTAIN ACCESS

（3）灭火设备标志

灭火设备
FIRE-FIGHTING
EQUIPMENT

手提式灭火器
PORTABLE FIRE
EXTINGUISHER

推车式灭火器
WHEELED FIRE
EXTINGUISHER

消防炮
FIRE MONITOR

消防软管卷盘
FIRE HOSE REEL

地下消火栓
UNDERGROUND
FIRE HYDRANT

消防水泵接合器
SIAMESE
CONNECTION

地上消火栓
OVERGROUND
FIRE HYDRANT

（4）禁止和警告标志

禁止吸烟
NO SMOKING

禁止烟火
NO BURNING

禁止放易燃物
NO FLAMMABLE
MATERIALS

禁止燃放鞭炮或
焰火
NO FIERWORKS

禁止用水灭火　　禁止阻塞　　　禁止锁闭　　　当心易燃物
DO NOT　　　　　DO NOT　　　　DO NOT LOCK　WARNING：
EXTINGUISH　　　OBSTRUCT　　　　　　　　　　FLAMMABLE
WITH WATER　　　　　　　　　　　　　　　　　MATERIAL

（5）方向辅助标志

疏散方向　　　　　　　　火灾报警装置或灭火设备的方向
DIRECTION OF ESCAPE　　DIRECTION OF FIRE ALARM
　　　　　　　　　　　　DEVICE OR FIREFIGHTING
　　　　　　　　　　　　EQUIPMENT

（6）文字辅助标志

文字辅助标志一般与其他标志配套组合使用，如下。

三、常见火灾事故预防
与应急避险措施

Changjian Huozai Shigu Yufang Yu Yingji
Bixian Cuoshi

常见火灾事故预防
与应急避险措施

1. 电气火灾预防及应急避险措施
2. 家庭火灾预防及应急避险措施
3. 高层建筑火灾预防与应急处置措施
4. 交通工具火灾预防及应急避险措施
5. 公共娱乐场所火灾预防与应急避险措施
6. 大型体育场馆火灾预防及应急避险措施
7. 地下场所火灾预防及应急避险措施
8. 森林草原火灾预防与应急避险措施

1. 电气火灾预防及应急避险措施

据消防部门火灾事故数据统计，2011—2016 年，我国共发生电气火灾 52.4 万起，造成 3 261 人死亡、2 000 多人受伤，直接财产损失达 92 亿余元。从过往发生的电气火灾事故来看，事故发生时间多为晚上；事故发生场所多为住宅区；重特大事故一般发生在厂房、人员密集场所。电气火灾的原因主要是电气线路故障（漏电、短路、过载、接触不良）和人为原因，其中，电气线路故障是引起电气火灾的主要原因。

预防电气火灾应注意：

🏮 要正确使用家用电器。首先，必须认真阅读家用电器使用说明书，记住其注意事项和维护保养要求。家用电器不要频繁开关，使用完毕不仅要关闭电源开关，同时还应将电源插头拔下，有条件的最好安装单独的空气开关。

🏮 家用电器因发热或受潮容易被烧毁，如果发现温度异常，应断电检查、排除故障。

🏮 如果插头与插座接触不良，出现插座温度过高、拉弧、打火现象时，要停止使用并及时更换。

对老化、破损的电线，要及时更换，否则容易造成短路而引起火灾。

不私拉乱接电线。

尽可能选用可支持大功率电器的插座，使用多孔插座时注意不要同时开启多个大功率电器。

气候炎热的夏季，冰箱、空调、电风扇等家用电器给电气线路增加了不同程度的负荷，要特别注意用电安全，防止超负荷用电造成短路而引发事故。

要对安装在室内的电线采取安全防护措施，不要安装明线。

不要购买"三无产品"，要去正规商店购买合格、有质量认证的电器产品和插座。

发生电气火灾时应采取以下应急避险措施：

家用电器起火首先要切断电源。

🚽 发生火灾时，首先应设法切断电源。如果家用电器受潮，在断电时，要使用绝缘工具，以防触电。

🚽 如果导线绝缘层或家用电器外壳等着火，断电后，可用棉被等物品覆盖，窒息灭火。

🚽 夜间发生电气火灾，在切断电源时，要考虑临时照明问题，以利扑救。

🚽 如果无法及时切断电源，而需要带电灭火时，应注意：

√使用干粉灭火器或二氧化碳灭火器进行灭火，不能用水或者泡沫灭火器扑救电气火灾。

√扑救人员及其使用的消防器材与家用电器带电部位应保持足够的安全距离，扑救时最好戴上绝缘手套。

√对架空线路等空中电气设备进行灭火时，人与带

35

电体之间的仰角不应超过 45°，而且应站在线路外侧，防止电线断落后触及人体。如果带电体已断落，应划出警戒区，以防跨步电压伤人。

　　√高压电气设备或线路发生接地的情况下，在室内，扑救人员不得进入故障点 4 米以内的范围；在室外，扑救人员不得进入故障点 8 米以内的范围，进入上述范围的扑救人员必须穿绝缘鞋。

　　√充油设备着火时，应立即切断电源，如果外部局部着火时，可用二氧化碳灭火器、干粉灭火器等灭火。

专家提醒

　　家用电器发生火灾后，未经修理不得接通电源使用。

2. 家庭火灾预防及应急避险措施

家庭火灾时有发生，根据有关数据统计，70% 的火灾都发生在家庭，因此，除了时刻注意做好家庭火灾预防之外，还应熟悉并掌握科学的家庭火灾逃生方法。

预防家庭火灾应注意：

做饭时，人千万不能离开。

🔥 使用燃气灶时，不要随意离开，防止汤水外溢浇灭火焰或被风吹灭火焰，导致燃气泄漏引发火灾。

🔥 要定期检查燃气灶具的输气管、减压阀、软管等部件和连接处，是否有老化、松动、受挤压、破损等现象，以防燃气泄漏。

🏮 当燃气泄漏时，应立即打开门窗通风，千万不要开关电灯、开关家用电器、打电话、拖拉金属器具，更不能吸烟或使用打火机。

🏮 避免长时间使用电热毯。电热毯长时间通电，并被被褥等可燃物覆盖，容易造成热量积聚引起火灾。

🏮 使用电熨斗、取暖器时，要待其冷却后再收放。

🏮 家用电器使用完毕后，及时关闭电源。因为只用遥控器关闭家用电器而不拔插头，会导致电器的部分部件在长期通电的状况下发热，或因雷击引发火灾。

🏮 燃气灶具和家用电器旁，不要放置易燃易爆等物品。

🏮 点燃蚊香时，要将其固定在专用的铁架上，并远离窗帘、衣物、书籍等可燃物，使用电蚊香后要及时拔下插头。

🏮 停电时，要尽量使用应急照明灯具照明。使用蜡烛照明时，要远离可燃物。

🏮 切勿在床上或沙发上吸烟。

🏮 不要随意乱扔烟头，应把烟头掐灭在烟灰缸内。

🏮 避免将儿童单独留在家中，不要让儿童玩火或使用燃气灶等，以免操作不当引发火灾。

🔥 事先编制家庭逃生计划，绘制住宅火灾疏散逃生路线图。

火灾初起时，若火势不大可采取以下方式进行扑救：

🔥 当厨房油锅起火时，千万不能用水浇，否则燃烧的油会溅出来，导致灼伤或引燃其他物品。应迅速关闭燃气阀门，然后利用身边工具灭火。

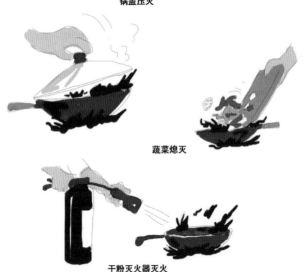

锅盖压灭

蔬菜熄灭

干粉灭火器灭火

39

√用锅盖、湿毛巾或湿抹布覆盖在火苗上将火压灭。

√倒入切好的蔬菜、足量的食盐将火熄灭。

√使用干粉灭火器灭火。要注意喷出的干粉应对准锅壁喷射，不能直接冲击油面，防止将油冲出油锅，造成火灾二次蔓延。

🏮 当家用电器起火时，第一时间关闭开关，拔下电源插头，再用湿棉被、毛毯或衣物将火压灭。切不可直接用水淋浇灭火。

🏮 当液化气罐着火时，首先设法关闭阀门，用浸湿的被褥、衣物等压住火苗，也可将干粉或苏打粉用力撒向火焰根部，在火焰熄灭的同时关闭阀门。

🏮 当纸张、木质家具或布类物品起火时，可立即用水扑救。

🏮 酒精火锅添加酒精时突然起火，千万不能用嘴吹，要用茶杯盖或小菜碟等盖在酒精罐上灭火。

火灾发生后应采取以下应急避险措施：

🏮 要保持镇静，及时拨打"119"火警电话报警，并迅速从安全出口或安全通道逃离。

🏮 切不可乘坐普通电梯逃生，不要盲目跳楼。不要盲目跟随人流或相互拥挤、乱冲乱窜，以防踩踏。

🏮 若手摸房门已感到烫手，切勿打开房门，应用湿毛巾、床单、被子等物品堵塞门缝，并不停地向其上面泼水，防止烟火侵入。同时在窗口、阳台或屋顶处向外大声呼叫，敲击金属物品，向窗外投掷枕头等软物，或在窗口挥动毛巾、被单等向外发出求救信号。

🚨 如果烟雾弥漫，用湿毛巾捂住口鼻，沿墙壁边，降低姿势，弯腰疾行逃离。

🚨 若大火阻断逃生路线，用浸泡过的棉被或毛毯、棉大衣裹在身上，以最快的速度穿过火场，冲到安全区域。

🚨 在得不到及时救援时，身居三楼以下，可借助绳索或将床单、被罩、窗帘等拧成麻花状，紧拴在门窗和阳台的牢固构件上顺势滑下，或利用室外排水管道等下滑逃生。

二 楼

    衣服着火时，切勿奔跑，不宜用灭火器向身体喷射，应尽快脱下燃烧的衣服，或就地打滚将火压灭，或就近跳入浅水池等。

    在万不得已的情况下，住在低楼层的可采取跳楼的方法进行逃生。但要将席梦思床垫、沙发垫、厚棉被等先抛下作为缓冲物。

3. 高层建筑火灾预防与应急处置措施

近年来，高层建筑火灾呈多发态势。2019 年，高层建筑发生火灾 7 517 起，同比上升 19.3%，且高层建筑火灾具有火势蔓延快、扑救难度大、人员疏散困难等特点，一般情况下要立足于自救。由于高层建筑发生火灾时垂直疏散距离长，因此，要在短时间内逃脱火灾险境，必须要熟悉高层建筑中火灾自动报警系统、自动灭火系统、防排烟系统、消火栓系统等灭火设施，以及避难层、安全出口的位置，选择正确的逃生路线和方法，争分夺秒地逃离火场。

高层建筑发生火灾可采取以下应急避险措施：

（1）利用建筑物内的疏散设施逃生

🛢 火灾初起时，可利用建筑中的灭火器、消火栓、自动灭火系统等灭火，同时可以按火灾报警按钮，并拨打"119"火警电话报警。

🛢 利用消防电梯而非普通电梯进行逃生，因为消防电梯采用的动力电源为消防电源，火灾时不会被切断，而普通电梯采用的是普通动力电源，火灾时需要切断。因此，火灾时千万不能搭乘普通电梯逃生。

🏯 可利用建筑物的阳台、有外窗的走廊、避难层进行逃生。

🏯 利用室内配置的自救缓降器、救生袋、安全绳及高层救生滑道等救生器材逃生。

🏯 利用墙边的落水管进行逃生。

🏯 建筑内人员发现火灾，应立即从防烟楼梯、封闭楼梯、室外楼梯逃生。防烟楼梯和封闭楼梯是设置于高层建筑内的固定安全疏散设施。楼梯疏散时，应靠一侧有序地撤离。

当安全疏散通道全部被浓烟烈火封堵且楼层较低时，可利用结实的绳子或将窗帘、床单、衣服等用水浸湿拧成绳（每隔 20~25 厘米打个结），拴在牢固的暖气管道、窗框、床架或其他牢固物体上，沿绳索下滑到地面或较低的其他楼层进行逃生。

专家提醒

无法利用高层建筑安全疏散设施撤离时，要向楼顶疏散等待救援。疏散到楼顶平台上要及时拨打"119"或"110"报警电话，向消防救援人员明确自己的位置，说明人员数量、火势等具体情况。当救援直升机到达楼顶平台抢救疏散人员时，切不可无序争抢登机，要在救援人员的具体指挥下有序登机，确保安全。

（2）不同部位、不同条件下的人员逃生

楼层低有楼层低的好处。

🪣 如果身处着火层之下，应选择防烟楼梯、封闭楼梯、普通楼梯及疏散通道等向楼下逃生，直至室外安全地点。

🪣 如果身处着火层之上，且楼梯、通道没有烟火时，可选择向楼下快速逃生；如果烟火已封锁楼梯、通道，则应尽快向楼上逃生，并选择相对安全的场所如楼顶平台、避难层，等待救援。

🪣 如果烟雾弥漫，要佩戴呼吸面罩或用湿毛巾等掩住口鼻，弯腰使头部尽量接近地面，或采取匍匐前行姿势。因为热烟气向上升，离地面较近处烟雾相对较淡，可少吸烟气。

如果被困室内，先用手背触摸房门，若房门变热，不要贸然开门，否则烟火会冲进室内。这时应立即用湿棉被、湿毛巾等堵塞门窗缝隙，防止烟火的侵入。另寻其他逃生路径，如通过阳台、室外走廊转移到相邻未起火的房间再行逃生；向窗外抛扔枕头等软物；在窗口挥动毛巾、衣服等；打开手电等发出求救信号，以便让救援人员及时发现并施救。

如果身处较低楼层（3层以下）且火势危及生命又无其他方法自救时，要将室内席梦思、棉被等软物抛至楼下，才可跳楼逃生。

专家提醒

如果遇到浓烟暂时无法躲避时，切忌躲藏在床下、壁橱或衣柜及阁楼、边角之处。一是这些地方不易被人发现寻找；二是这些地方有较多烟气聚集。

4. 交通工具火灾预防及应急避险措施

（1）电动自行车起火

近年来，电动自行车以其经济、便捷、环保等特点，逐步成为人们出行代步的重要工具，保有量迅猛增长。但由于电动自行车质量、停放、充电不规范以及技术方面的问题，电动自行车火灾事故时有发生。根据过往案例来看，50% 以上的电动自行车火灾都发生在夜间充电过程中。很多人在楼道内充电，一旦电动自行车自燃，逃生通道被占用，极易造成群死群伤的火灾事故，必须引起使用者的高度重视。

预防电动自行车起火应注意：

🚲 购买正规厂商的有品质保障的电动自行车，在购买时必须要求销售方出具产品出厂合格证。

🚲 电动自行车使用时间较长时电气线路容易老化，最好在半年至一年时间内，到维修点检验，排除隐患。

🚲 在高温天气下骑行后，要把电动自行车放在阴凉处，等电动自行车及电池的温度降低后再充电。

🚲 要尽量避免在雨天、积水路段行驶，以防电动机进水，充电时短路起火。

🔲 一般夏天充电 6~8 小时，冬天充电 8~10 小时为宜，以防止充电时间过长，充电器过热引发火灾。

🔲 切勿私拉电线充电，要到室外专用充电桩充电。

🔲 切勿在建筑物内的共用走道、楼梯间、安全出口处及住宅内停放电动自行车或给电动自行车充电。

🔲 如果充电器损坏，要购买原生产厂商同型号、合格的充电器。不匹配的电动自行车充电器也有可能会导致电动自行车起火。不同品牌的电动自行车充电器千万不要混用，这样会给电动自行车电池带来损伤，也会埋下安全隐患。

🔲 电动自行车出现故障时，要找专业的维修机构或人员维修，并选择适配的合格零部件。不得擅自拆卸电气保护装置。

49

电动自行车起火时应采取以下应急避险措施：

🧯 如果电动自行车在充电时起火，周边还有电源插座，要先断掉电源再进行扑救，避免在扑救时造成触电事故。

🧯 如果是车辆外部的垫织物等部位起火，可用水、干粉灭火器等进行扑救，也可以使用较厚和不透气的编织物覆盖着火部位窒息灭火。

> 车座起火了，快灭火！

🧯 如果是电动自行车电池部位起火，应果断逃生并报警，与电动自行车保持必要的安全距离，防止电池发生爆炸，造成伤害。

（2）汽车起火

预防汽车起火，应注意：

🧯 切勿乱接线路，造成电气线路短路。

🧯 发动机回火及油垢、污垢太多可能引发火灾。

🧯 车上不要存放汽油等危险品。

🧯 不要将香水、打火机、手机、空气清新剂、老花镜、碳酸饮料等物品长时间放在车内，防止因暴晒引发火灾。

🧯 车内要配备手提式干粉灭火器。

汽车发生火灾应采取以下应急避险措施：

🧯 若汽车加油时突然起火，要立即停止加油，迅速将车开出加油站，使用灭火器或衣服等将火焰扑灭。

🧯 若汽车发生碰撞引发火灾，应迅速打开车门，或设法破窗逃出。消防队到现场后要配合消防人员利用扩张器、切割器、千斤顶、消防斧等工具救人灭火。

🦷 有流散的燃料时，使用库区灭火器或沙土将地面火扑灭。

> **新能源汽车起火应采取以下应急避险措施：**

🦷 车内出现来源不明的烟雾或电池已经起火时，要立即停车、断电、下车，并远离车身。切记没有查明烟雾来源之前，千万不要启动车辆也不要进入车内。

🦷 断电后将车钥匙装入信号屏蔽袋，并将袋子放置在距离车辆 10 米以外的地方。

🦷 拨打 4S 店救援电话或"119"火警电话，说明事故发生地点、被困人员数量及其伤势情况、车辆基本信息（车辆品牌、型号、动力电池容量等）。

🔥 动力电池起火后，温度可以达到 1 000 ℃，并且其燃烧后会产生大量有毒气体（如氟化氢、氰化氢等），应注意高温防护和毒气防护。

🔥 如果火势较小，没有蔓延到电池仓，可以用二氧化碳灭火器或干粉灭火器进行灭火。

🔥 如果火势变大，要用大量、持续的水进行扑救，因为动力电池在火灾中会弯曲、变形、损坏，如果水量太少，有毒气体将大量渗出。

🔥 火势被扑灭、不冒烟后，要观察一小时，防止再次起火。

公共汽车发生火灾时应采取以下应急避险措施：

🔥 当发现车辆有异常声响和气味时，驾驶员应立即熄火，将车停靠在安全地点，打开车门，疏散人员，检查异常点，注意不要贸然打开机盖，以防空气进入扩大火势，并及时报警。

🔥 车辆着火时，驾驶员应迅速开启所有车门，让乘客迅速从车门下车逃生，再组织扑救火灾。如果车上线路被烧坏，车门无法开启，乘客可从车身两侧或车顶的窗户下车。

🔥 若车窗无法打开时，应利用公共汽车上的救生锤破窗逃生。将锤尖对逃生破拆标志处或玻璃拐角或其上沿以下 20 厘米处猛击，玻璃会从被敲击处向四周如蜘蛛网状开裂，此时，再将玻璃端开就可以逃生了。

　　🏠 如果火焰封住了车门，车窗因人多不易下车，可将衣服浸湿，蒙住头部从车门处冲出去。

　　🏠 逃生时，最好用随身携带的水或饮料将身体淋湿，并用湿布捂住口鼻，以防吸入烟气发生窒息或昏迷。

　　🏠 当衣服着火时，如果时间允许，可以迅速脱下，用脚将火踩灭；或就地打滚，由其他人帮助用衣服覆盖火苗以灭火。千万不要奔跑，以免火势变大。

专家提醒

　　破窗逃生时，除了救生锤，高跟鞋、腰带扣和车上的灭火器也是方便有效的破窗工具。

（3）地铁起火

地铁发生火灾时应采取以下应急避险措施：

💺 发现火灾险情时，要沉着冷静，及时告知工作人员，不可随意拉门或砸窗跳车。

💺 列车行驶过程中，当列车内部装饰、电气设备和行李发生火灾且火势较小时，可用车载灭火器进行灭火以控制火势，待列车停靠站台后听从指挥，统一疏散。如果火势较大，列车在隧道内停车，打开车厢门，乘客应听从工作人员的指挥，有序疏散。如果车厢门无法打开，乘客可向列车头、尾两端疏散，从两端的安全门下车。

请大家迅速离开车厢！

💺 若列车车厢间无法连通，车厢门又卡死，乘客可利用车门附近的红色紧急开关打开车厢门进行疏散。

☝ 浓烟弥漫时，应降低姿势，弯腰前进，用湿毛巾等掩住口鼻撤离。

☝ 撤离时要尽量背对烟火蔓延扩散方向疏散逃生。

☝ 如果是长距离的区间隧道，每隔600米设有联络通道，应充分利用联络通道，转移至临近的区间隧道，避开浓烟，保证安全。

☝ 当列车电源被切断或发生故障时，应迅速寻找手动应急开门装置（一般位于车厢车门的上方，具体操作方法：打开玻璃罩，拉下红色手柄，拉开车门），用手动方式打开车门，再行有序疏散撤离。

（4）火车起火

火车发生火灾时应采取以下应急避险措施：

☝ 发现火灾险情时，不要慌乱，在火势较小时及时扑救，同时，立即向乘务员或其他工作人员报告。如果一时找不到乘务人员，可先就近拿取灭火器材进行灭火，迅速跑至两车厢连接处或车门后侧拉动紧急制动阀，使列车尽快停止运行。

☝ 不要盲目奔跑乱挤或开门、窗跳车，因为从高速行驶的列车上跳下不但会造成严重摔伤，高速风势还会助长火势的蔓延扩散。

☝ 如果火势较小，不要急于开启车厢门窗，以免空气进入，加速燃烧，应利用车上的灭火器材灭火，同时有序地从人行过道向相邻车厢或车外疏散。如果火势较大，则应待列车停稳后，打开车门、车窗或用救生锤等坚硬物品击碎车窗玻璃逃生。

　　🪣 疏散时应注意防烟，用湿毛巾等掩住口鼻，降低姿势，弯腰前进。列车行驶中火势会顺风向列车后部扩散，疏散时尽量背离火势蔓延方向。

　　（5）客船起火

　　客船不同于陆上交通工具，船舱内可燃物、易燃物较多，火灾危险性较大，如果发生事故，施救难度较大。

　　为预防客船发生火灾，要注意：

不要携带危险物品上船。

不要在船上乱丢烟头、火柴梗，不要躺在床上吸烟，更不要在酒后吸烟。

不要随意乱动客船上配置的各类灭火器材和设施。

登船后，应首先熟悉救生设施如救生衣、救生圈、救生艇（筏）存放的具体位置。寻找客船内部设施，如内外楼梯、舷梯、逃生孔、缆绳等，熟悉通往船甲板的各个通道及出入口。

客船发生火灾时应采取以下应急避险措施：

☗ 若客船前部楼层起火，尚未蔓延扩大时，应积极采取急停靠、自行搁浅等措施，使船体保持稳定，以避免火势向后蔓延扩散。与此同时，人员应迅速向主甲板、露天甲板疏散，然后再借助救生器材逃生。

☗ 若船机舱起火时，舱内人员应迅速从尾舱通向甲板的出入孔洞逃生，在工作人员引导下向船前部、尾部及露天甲板疏散。

☗ 如果火势使人员在船上无法躲避时，可利用救生梯、救生绳等撤至救生船，或穿救生衣、戴救生圈跳入水中逃生。

☗ 如果船内走道遭遇烟火封闭，尚未逃生的乘客应关严房门，使用床单、衣被等浸湿后封堵门缝，以免烟气侵入，赢得逃生时间。如果烟火封锁了通向露天的楼道，着火层以上的乘客应尽快撤至楼顶层，然后再利用缆绳、软滑梯等救生器材向下逃生。

5. 公共娱乐场所火灾预防与应急避险措施

公共娱乐场所是指向公众开放的影剧院、礼堂、KTV等歌舞娱乐场所以及游艺、健身、休闲等娱乐场所。由于公共娱乐场所装修装饰采用大量可燃物，电气设备多、用火点多，且人员密集、流动性大，一旦发生火灾，火势蔓延快、扑救难度大、人员疏散困难，易造成群死群伤事故。

预防公共娱乐场所火灾的发生，应注意：

🛑 不要在娱乐场所吸烟、乱扔烟头或火柴梗。

🛑 电气设备不得超负荷运行，应将用电量控制在额定范围内。

🚻 舞台演出时，严禁使用烟花爆竹，如果使用合格的冷烟花作焰火效果，必须得到有关监督管理部门的批准，并在使用时由专人操作、专人防护。

🚻 安全出口、疏散通道和楼梯口都应设置符合标准的灯光（荧光）疏散指示标志，通道上应安装应急照明设备。

🚻 设在墙角或顶棚的应急照明灯，照明供电时间不少于 20 分钟，照明亮度不得小于 20 勒克斯。

🚻 营业期间，场所内的安全出口和疏散通道必须保持畅通，禁止堵塞、封闭、占用。

🚻 营业期间，严禁进行设备维修、电气焊、油漆粉刷等施工作业。营业结束后应加强防火巡查、严防遗留火种，发现隐患及时排除。

公共娱乐场所如果发生火灾应采取以下应急避险措施：

🚻 迅速疏散在场人员，并组织扑救初起火灾，可利用周边配备的灭火器或消火栓进行灭火，防止火势蔓延。

🚻 要听从现场工作人员的指挥进行疏散，从标有"安全出口""紧急出口"等疏散通道撤离。切忌互相拥挤、盲目乱跑，防止踩踏和堵塞通道。

🚻 若娱乐场所在楼的底层，可直接从门和窗口逃出；若在 2 层、3 层时，且逃生通道被烟火封堵，可抓住窗台

往下滑；若设在高层楼房或地下建筑中，应参照高层建筑或地下建筑的火灾逃生方法逃生。

☺ 若烟雾弥漫，应弯腰并用湿毛巾等捂住口鼻前进，以防中毒窒息。

☺ 疏散人员要尽量靠近承重墙或承重构件部位行走，防止坠物砸伤。

6. 大型体育场馆火灾预防及应急避险措施

大型体育场馆属于人员密集的公共场所，由于其建筑顶棚高、跨度大，且网架内部设有大量电线电缆、大功率灯具，电气设备复杂，故火灾危险性大。一旦失火，在空气对流的作用下，不仅燃烧猛烈，蔓延迅速，而且大量人群慌乱而无序地撤离，容易造成踩踏等二次事故。因此，在体育场馆观看演出或比赛时，一定要时刻注意安全。

进入大型体育场馆应注意：

🛂 牢记出入口。大型体育场馆内结构比较复杂，容易出现"迷路"问题。因此，在进入体育馆时，应牢记出入口，并在找到自己座位后，再寻找座位附近的其他出入口位置。

🛂 发现有不明的烟气或者火光出现，应立即向安全出口或疏散通道撤离，千万不要延误。

🛂 一旦起火，要沉着冷静，不要拥挤，不要盲目从众，造成安全出口或疏散通道堵塞。

🛂 体育场馆起火后，靠近顶层的座位可能很快积聚大量烟气，所以，这些位置的观众要特别注意防烟，可用湿毛巾等捂住口鼻逃生。

7. 地下场所火灾预防及应急避险措施

地下场所由于结构复杂、出入口较少、通道狭窄、相对封闭，如果发生火灾，短时间内会积聚大量浓烟和高温热气，加之通风条件差，极易导致人员窒息和中毒。因此，地下场所火灾时的人员逃生比地上建筑更为重要。

预防地下场所发生火灾，应注意：

牢记疏散路线。

65

⊕ 在进入地下场所时，要对场所内部结构和设施进行观察，记住疏散通道和安全出口的位置。

😷 不要在地下场所随意吸烟，乱扔烟头、火种。

😷 地下经营场所要强化安全管理，如照明灯具和电气设备等不要超负荷工作，以免引燃可燃物；不要私拉乱接电线，违规使用大功率电器；不要在营业时间内进行电气焊或明火作业等。

地下场所发生火灾时应采取以下应急避险措施：

😷 首先要关闭通风空调系统，停止向地下场所送风，以免火势蔓延扩大；其次，开启排烟设备，迅速排出火灾时产生的烟雾，以提高火场能见度，降低火场温度。

😷 要听从地下场所工作人员的疏导指挥，按照疏散指示标志引导的方向或向附近的安全出口有序撤离，切勿

拥挤阻塞通道和出口，延误逃生时机。

🚒 当出口被烟火堵塞或因烟雾看不清疏散指示标志时，则可选择沿烟雾流动蔓延方向快速逃生，因烟雾流动扩散方向通常是出口或通风口所在处，应采取降低姿势及防烟措施贴墙行走。

🚒 拨打"119"火警电话，等待救援。

8. 森林草原火灾预防与应急避险措施

森林草原火灾不仅会烧毁森林、草原和大量的野生动植物，破坏它们赖以生存的环境，而且还能引发森林病虫害、山洪、泥石流、干旱、风沙等自然灾害，不仅影响人们的生产和生活，还会造成人员伤亡，带来巨大损失。

据统计，我国 90% 以上的森林草原火灾都是由祭祀烧纸、吸烟、烧秸秆以及燃放烟花爆竹等人为因素引发。森林草原火灾蔓延快，普通民众应掌握正确的应急避险方法，不要盲目与火灾对抗，及时逃生，并拨打森林火警电话 "12119" 报警。

预防森林草原火灾，应注意：

🥘 进山旅游、野外宿营时要观察森林防火标志和疏散路线，不违规用火，不乱丢垃圾。

🥘 进山入园祭祀扫墓，要自觉做到文明、绿色祭扫，以免引发森林草原火灾。

68

🥘 不应在林内或林边 500 米内烧荒、焚烧废弃物料等，也不能点篝火、放孔明灯或燃放烟花爆竹等。

🥘 相关单位应强化火源管理，关注气象信息，做好预报预警工作。

在森林或草原中遭遇火灾应采取以下应急避险措施：

😷 发现起火，应立即转移至没有植被或植被稀少的空旷地带，远离火源。

😷 一定要密切注意风向的变化，逃生时选择侧风向路线，不要顺风跑。

😷 注意选择往山下跑，切忌往山上跑。通常火势向上蔓延的速度非常快。

😷 当身边有浓烟时，要保护好呼吸道，尽可能用湿毛巾或者湿衣服捂住口鼻，防止吸入浓烟。

69

🛑 如果火势较近，已经来不及转移，在地势比较平坦、火线高度不超过 1 米、火强度不高且燃烧比较充分的情况下，可以采取冲越火线避险。冲越火线时，必须用浸湿的衣物包裹住头部，避免烧伤。

🛑 如果身处低矮稀疏的草丛，身上又带有火种，可以采取"点火解围"的方式避险，就是快速烧出一片开阔区域，然后进入烧过的地带避险，由于烧过的区域已没有可燃物，这样袭来的大火就会绕过这片区域，但一定要用湿毛巾或湿衣服捂住口鼻。

🛑 当身上着火时，首先应该设法脱掉衣帽；如果来不及脱掉衣物，应在没有燃烧物的地上打滚，将身上的火苗压灭。

四、典型案例

Dianxing Anli

典型案例

1. 北京市朝阳区十八里店乡住户电动自行车火灾
2. 云南省香格里拉市某客栈电取暖器火灾
3. 深圳市龙岗区某俱乐部特大火灾
4. 江苏省盐城大丰区车辆火灾

1. 北京市朝阳区十八里店乡住户
电动自行车火灾

2017 年 12 月 13 日凌晨 1 时左右，北京市朝阳区十八里店乡一处村民自建房发生火灾。经过调查，是由于住户从二楼私拉电线，通过桌面插座给电动自行车充电，充电器起火引发火灾，造成 5 人死亡、8 人受伤。

• 事故教训 •

该起事故是由于住户在楼道里私拉电线给电动自行车充电，导致充电器起火引发了火灾。切勿在建筑物内的共用走道、楼梯间、安全出口处停放电动自行车或给电动自行车充电，必须在室外专用充电桩充电。

专家提醒

电动自行车不允许停放在楼道里，更不允许私拉电线充电。

2. 云南省香格里拉市某客栈
电取暖器火灾

2014 年 1 月 11 日 1 时 10 分，云南省迪庆藏族自治州香格里拉市独克宗古城某客栈经营者在卧室内使用取暖器不当，引燃可燃物引发火灾，烧损房屋面积 59 980.66 平方米，直接经济损失 8 983.93 万元，无人员伤亡。

• 事 故 教 训 •

　　该起事故是由于个人在卧室内使用取暖器不当，入睡前未关闭电源，取暖器引燃可燃物引发火灾。独克宗古城 2012 年 6 月新建成的"独克宗古城消防系统改造工程"消火栓管网内无水，消防队在灭火过程中，消防车不能及时给水，导致火势蔓延。

专家提醒

　　不论家居还是旅游住宿都必须正确使用各种电器，避免引起火灾。

3.深圳市龙岗区某俱乐部特大火灾

2008 年 9 月 20 日 23 时许，深圳市龙岗区某俱乐部一名演员在舞台上燃放烟花，引燃了天花板上的可燃物，10 多秒后，火苗沿着管道蔓延到俱乐部整个大厅天花板，由于火势发展迅猛，且场内人员高度聚集、疏散困难，共造成 44 人死亡、88 人受伤，直接经济损失达 1 589 万元。

• 事故教训 •

首先，该俱乐部内部违规大量使用吸声海绵等易燃材料装修，燃烧速度极为迅猛，并释放出一氧化碳、氰化氢、甲醛等大量有毒气体，给火场被困人员造成了致命的灾难。

其次，该俱乐部消防设施失效、安全出口上锁、疏散通道堵塞、常闭防火门处于开启状态、消防应急灯和安全疏散标志配置不足或损坏等因素，造成了人员疏散困难，无法及时逃生。

最后，俱乐部内人员高度聚集，又因极度恐慌，现场缺乏有组织的疏散引导，从而造成了惨重的伤亡。

专家提醒

对于公共娱乐场所，消防部门应严格落实和加强检查，最大限度地消除存在的火灾隐患，确保公共娱乐场所的消防安全。

4.江苏省盐城大丰区车辆火灾

2015年8月6日，江苏省盐城大丰区一辆小轿车突然起火，浓烟不时从车头部位冒出，大火将整个发动机部位吞噬。事后经相关部门调查发现，小轿车司机一直有放置车载香水的习惯，香水引发了爆燃。因为车载香水在49℃左右会自燃、爆炸，而高温下暴晒的车内温度很容易达到其自燃温度。

• 事故教训 •

夏季高温时，切勿将香水、打火机、移动电源、空气清新剂、老花镜、碳酸饮料等因暴晒可能引发火灾、爆炸的物品放置于车内。

专家提醒

当汽车发生火灾时，驾乘人员要谨记"小火赶快灭、中火讲方法、大火赶紧跑"的原则，保持冷静，积极应对。车载灭火器要定期检测更换，确保有效好用。